改變了 誰世界？ 6

4個科學先驅的故事

≫ Zhang Heng ≪

≫ Linnaeus ≪

錄

Lister

Baekeland

測地觀天

張衡

噹啷！

一下清脆的金屬撞擊聲突然在**偌大**的房間中響起來，一個年輕男人循聲走到一座鑄有八個龍頭的**樽形銅器**前察看。當他繞着銅樽轉了一圈，即臉色大變。

「啊！掉下來了！掉下來了！」說着，他就**跌跌撞撞**地衝了出去。

那人沿着走廊跑到一個房間門口，大聲叫嚷：「大人！**大事不妙！**」

「安靜！」房內一個埋首看着竹簡*的中年男子抬起頭，皺着眉道，「何事如此**慌張**？」

「銅……**銅珠**掉下來了！」

「銅珠……」中年男子呆了一下，瞪大眼睛急問，「你說**銅珠掉下**？哪個方向？」

「**西面**。」

「走！」

二人趕緊回到銅樽前一看。果然，朝西的龍首原先銜珠的地方已**空空如也**，其正下方一隻張大口的**銅蟾**內赫然有顆暗黃色的**珠子**。

「這不得了……」中年男子看着銅珠喃喃自語，「我要進宮稟告詳情。」

*中國古代在紙張未普及前的一種書寫載體，多用竹片或木片繫以繩線聯成，以竹製成的稱「竹簡」，以木造成的叫「木牘」。

「甚麼？地震？」

「我完全感受不到震動啊？」

「但地動儀的銅珠確是掉了下來。」

　　朝堂上眾臣紛紛小聲議論。這時，一個聲音從前方的龍座傳來：「張衡。」

　　「臣在。」一個男人從大臣隊列中上前躬身道。

　　「那地動儀是你製造出來的，你認為如何？」皇上擔憂地問，「真的有地震嗎？」

「皇上，臣認為地動儀向着西面的銅珠掉落，表示西方有地震，這是**無容置疑**的。」張衡答道，「大家感受不到震動，是因為地震不在附近發生，而是在**遠方**。」

「卿無虛言？」

「等當地的消息傳來就**一清二楚**了。」

究竟地動儀能否派上用場，及時測出遠方發生的地震？在此先按下不表。

時值公元2世紀的**東漢**中期，張衡製造出世上首個**測量地震**的儀器，同時其天文造詣甚深，製作了多個工具觀測星體。其研究與發明雖多已**失傳**，但透過史書資料仍尋得**蛛絲馬跡**。不過，這位著名科學家最初也只是一位尋常讀書人而已。

少年遊子

公元78年，張衡於南陽郡西鄂縣*出生。他自小**天資聰穎**，且**勤於學習**。至17歲時就

離開家鄉，到最繁華的西京長安以及附近地區遊歷。其中他就到過**驪山***有名的溫泉區，四周煙霧靄靄，景色優美，後來寫下辭藻華美的**《溫泉賦》**。

遊歷兩年後，19歲的張衡就前往首都**洛**

*西鄂縣位於現今河南省南召縣的南面。
*驪山位於西安市附近。

陽，到**太學***讀書，也結識許多年少學子。在此可以想像一下當時的情形⋯⋯

某天講師授課完畢，眾學生**三三兩兩**地散去。正當張衡也準備離去之際，就看到有個人站在面前，那是一個與自己年紀相若的**少年**。

「請問這把**書刀***是你的嗎？」他向張衡遞上一把幼長的刀子說，「它就掉在你案下。」

*太學是中國古代的官家學府，類近現代的大學。
*中國古時人們寫字於竹簡上時，若要修改，就直接用小刀將竹片表面削去，該小刀通稱「書刀」。

張衡看看刀的樣式與自己的**一模一樣**，遂檢查配囊，發現書刀果真不見了。

「這應該是我的，謝謝。」說着，他接過刀子收起來。

「在下崔瑗，敢問**貴姓大名**？」少年又問。

「在下張衡。」

「張兄剛來京師的？」

「對，來了**數天**。」

這時響起一個聲音：「崔兄，何不也**介紹**一下讓我們認識啊。」只見有三名少年走過來。

「在下馬融。」剛剛發言的少年向張衡**打招呼**，又指着身後一個較年幼的男孩與一個高

大少年道，「這兩位是王符和竇章。」

「在下張衡。」張衡也向對方**拱手一揖**。

彼此**寒暄**一番後，崔瑗建議：「來，大家一起去吃飯為張兄洗塵吧，我請客！」

「噢！崔兄夠**豪氣**！」

於是，眾人來到時常聚腳的酒館，**談笑風生**，說經論道。談着談着，張衡就說到自己過往遊歷之事。

「你到過**長安**？」竇章說，「那真是個**繁華**的都市呢！」

「應該說奢華到**糜爛**了，但百姓的生活其實不算很好。」張衡**煞有介事**地道。

「**貧富不均**……」王符輕輕說了一句就

不作聲。

「天下頹象漸生，現在當是我們一展抱負的時候。」崔瑗啜了一口酒感歎道。

「前提是我們已具備充分的學識……」馬融望向眾人，「以及一個機會。」

張衡在洛陽逗留了5年，學習五經*與六藝*，成績出眾。其才學更得到京師的大人物賞識，

*五經是儒家的典籍，包括《詩經》、《尚書》、《禮記》、《易經》和《春秋》。
*六藝是中國古代學子須學習的基本才能，包括禮 (禮教)、樂 (音樂)、射 (射箭)、御 (駕馬車)、書 (書寫文學)、數 (數學算術)。

不過他卻志不在此……

「鄧騭大將軍又遣人請你到府工作嗎？」馬融問。

「這麼好的機會也不要？」竇章忍不住問，「他是賞識張兄的才華才多次邀請啊。」

「我明白，但……」張衡欲言又止。

「你是在想鄧家勢大，怕被人說自己趨炎附勢吧？」崔瑗搖搖頭道，「唉，攀附跋扈的權貴確非我們士人所為。」

的確，張衡心裏明白鄧騭多次好意邀請實屬難得的機會，但對方畢竟是把持朝政的外戚*，終究可能對國家不利，自己也無意捲入可怕的權力鬥爭之中。

*外戚泛指君主母親或妻子娘家的人。

「其實我已決定回南陽，那裏的太守*正招聘主簿*。」張衡想了一會才説。

「你要離開洛陽了嗎？」王符不捨地問。

「別難過，始終彼此也將各奔前程。」張衡笑道，「但我不會忘了大家的。」

這羣少年郎之中，有些日後將成為著名的經學大師，有些則在官場平步青雲，與張衡同於朝廷工作，但此是後話。總之，經過7年後張衡終於回去家鄉了。

*太守是中國古代負責管理地方的行政官員。
*主簿是中國古代文官的其中一個職位，主管文書印鑑、起草文件、編修檔案等，類近現今的秘書。

15

繁星點點

張衡在南陽太守鮑德手下擔任主簿約9年。其間他**勤於政務**，輔助對方治理一方水土。同時，他以昔日**遊學**的經歷，寫下著名《東京賦》與《西京賦》，合稱《二京賦》，描寫西京**長安**與東都**洛陽**的真實情況，並對時弊作出諷諫之言。

另外，他在工作之餘亦發奮讀書，研習**天文**、**曆法**等方面的知識，希望探究天地之

理。公元112年，皇帝徵召天下**有能之士**。張衡獲鮑德舉薦，至洛陽成為郎中*。因在天文曆法研究**頗負盛名**，一年後得以晉升為**太史令**。

太史令最初負責記載史事、編修史書、管理典籍、觀天祭祀等工作。至東漢時只掌**觀測天時**、**編修曆法**，同時察看**祥瑞災異**之事，為國家占定禍福。因古人認為星辰運移、地動天搖等自然現象出現，皆與**人事吉凶**有

*郎中在東漢為宮廷近侍、尚書的屬官，主要負責處理朝廷各項庶務。

關，故須仔細觀察以便行事。古代天子都建有一座設有高台的建築物，稱為「靈臺」，猶如現今的天文台，方便太史令與相關職員在當中工作。

張衡任太史令期間曾製作渾天儀，以演示日月星辰運行的軌跡。其實早於公元前4世紀的戰國時代已有人製造這種儀器，只是張衡所造的不同之處在於那是以水力運作的。

渾天儀裝有水車及漏水裝置作為動力來源。其中漏水裝置由多個銅壺組成，水從一個壺流向另一個壺，由此細緻地調整水量去

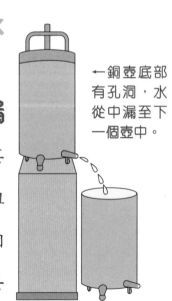

←銅壺底部有孔洞，水從中漏至下一個壺中。

推動水車，使裝置內的**齒輪組件**穩定運作，推動各個部分。

與此同時，他亦發明一種稱為「**瑞輪蓂莢**」的機械日曆，並連接渾天儀同步運作。蓂莢*是生於上古帝堯時代的**神奇植**

↑渾天儀的銅環刻有黃道、赤道、二十八星宿等日月星辰位置。當其迴轉時，人們就能知道天體運移的情況。

物，相傳它逢初一開始，每天長出一片葉子，直到十五日時就有15片葉；之後從十六日起每天掉落一片葉子，至三十日即葉片全無，**周而復始**。

*蓂莢，音「明甲」，古代傳說中一種表示祥瑞的草。

瑞輪蓂莢就是據其概念而生，同樣依靠**銅壺漏水**推動水車的力量，使當中的齒輪、凸輪、撥桿等

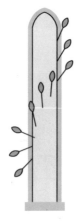

→現代科學家估計瑞輪莫莢呈圓筒狀，當中由下往上裝有15條撥桿，每條連接着一塊葉片。透過水輪運轉去產生動力，轉動撥桿以控制葉片升降。

機械運作，令裝置上的「葉片」依時逐一升起或下降。所有葉子**升落一次**就須時一個月，由此人們便能準確知道日期了。

此外，張衡在天文研究上亦多有**著作**。他曾寫下《渾天儀注》解說儀器的構造理論；又製作**星圖**，記錄超過2000顆星星的位置，亦替部分星宿命名。而眾多作品裏最著名的就是《**靈憲**》，當中他提出多個重要的天文觀念如「渾天說」，主張天是一個**圓球**，就像雞蛋的

蛋白，而大地則如**蛋黃**般被包覆其中，行星在天球上運行。他又承接前人對日月的觀念，認為太陽如火，**自生光芒**；月亮則如水，不會生光，卻能**反射陽光**，這與現代人們的看法一樣。

同時，張衡是東方首個正確解釋**月食**出現原因的人。他在文中提及日光照向大地（地球）時，大地背

後因照不到光，就會產生「**暗虛**」，亦即**影子**。當月亮經過這片陰暗的影子，就會出現月食。

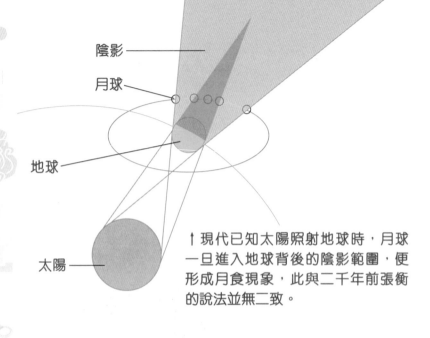

陰影

月球

地球

太陽

↑ 現代已知太陽照射地球時，月球一旦進入地球背後的陰影範圍，便形成月食現象，此與二千年前張衡的說法並無二致。

不過，受儀器落後與自身觀感所限，張衡與差不多同時期的西方天文學家**托勒密**一樣，錯誤地主張地球位處宇宙中心的地心説。

另外，張衡曾寫成數學的研究著作《算罔論》，當中提及計算*圓周率*、**球體體積**等，但已經**失傳**。

地動山搖

據史書所載，東漢地震頻仍，在張衡身處的時代幾乎年年發生地震，尤以洛陽附近一帶地區為甚。現代地震學家估計那是公元119年及121年發生巨大地震後，出現零星的小型地震。大地震造成山崩地裂、房屋倒塌、人命傷亡，若處理不善，更可能引發瘟疫，為害極巨。

有見及此，張衡決定製造地動儀，以求遠方發生地震後能儘快知曉，及時應變。儀器經研究多時，約於公元132年製成。

地動儀以精銅鑄成，外型呈酒樽圓筒狀，直徑達8尺（大約1.85米），頂部以蓋遮蔽，飾

有各種鳥獸圖案。
樽外鑄有8條龍，各
朝 **東**、**南**、**西**、
北、**東南**、**東**
北、**西南**及**西北**
八個方向，每個龍

首銜着一顆**銅珠**，而每條龍的下方則置一隻張
着大口的銅製蟾蜍。

當某一方向出
現**地震**，地動儀內
的機關就會啟動，
令朝向該方位的龍
首自動**張嘴**，銅珠

*上方的地動儀外型是參考現代地震專家馮銳製作的新地動儀模型繪畫而成的。

便掉到下方的銅蟾口內，發出響亮的聲音，通知當值人員。

地動儀製成後，就擺放於靈臺內。某天，因其中一方的**銅珠**掉了下來，當值人員遂立即上報太史令，再由太史令進宮匯報事情。然而，由於身處洛陽的人們感受不到震動，不禁質疑地動儀的功效。那時連皇上也**質問**製造者張衡……

「張衡，那地動儀是你製造出來的，你認為如何？」皇上擔憂地問，「真的有**地震**嗎？」

「皇上，臣認為地動儀向着西面的銅珠**掉落**，表示西方有地震，這是無容置疑的。」張衡答道，「大家感受不到**震動**，是因為地震不

25

在附近發生，而是在**遠方**。」

「卿無虛言？」

「等當地的消息傳來就一清二楚了。」

數天後，驛使從西方600里快馬急報，隴西一帶果真發生地震，自此眾人**無不歎服**。

據說當時張衡因而立了功，皇帝大加封賞，特准將地動儀圖**鑄於鼎上**，沉於張衡故鄉西鄂的一條河中。須知古時只有如皇帝登基、封禪等大事，才能鑄鼎**表彰**，可見君主對其極之**重視**。不過，地

動儀的成功亦令其仕途埋下**危機**。

如前所述，古代天災被視為上天對領導者的**警示**。頻發的地震令皇帝非常憂心，常常以為自己做錯事，觸怒上天。有一次他忍不住在朝堂上「訴苦」……

「前陣子又出現**地震**，朕又做錯何事？是否上蒼也不喜歡朕？」

「哪有這回事？陛下仁德，相信那只是上天**試煉**。」一名大臣説。

皇帝並沒理會對方，反問站在附近的張衡：「張衡，你説**實話**，百姓是否對朕很不滿意？」

「呃，這個……」

張衡心知為禍天下的，其實是那些權勢熏

天的宦官、與之勾結的外戚，還有**為虎作倀**的貪官污吏，當然重用宦官的皇帝也**難辭其咎**，這是所有人都心知肚明的事情。

他晉升為侍中*，理應作出諷諫，勸其**迷途知返**，但也清楚**實話實說**的兇險後果。

「唔……陛下……就算是聖人也有**失誤**的時候……」他瞥見其他大臣和宦官都**目光灼灼**地望着自己，額頭漸漸冒汗，「臣以為今後

---

*侍中為中國官職，於不同朝代其職能分別很大，東漢侍中能自由出入宮禁，算是皇帝的得力顧問。

陛下只要……繼續**勤政愛民**，百姓是終會知曉的……」

只是，這種避重就輕的論調雖沒引發即時危險，但仍觸動了宦官猜忌。皇宮內，一輩陰險小人正蠢蠢欲動……

「剛才聽到嗎？那傢伙被皇上問到民眾所憎惡的對象是誰時，就顧左右而言他。」一個宦官冷笑說，「嘿，真是個做官的人材啊。」

「但此人那麼狡猾，對我們來說遲早是個

禍害。」另一個宦官皺着眉頭道。

「還是弄走他吧，**免生風波**。」

結果，一眾宦官向皇帝進**讒言**，使張衡受其猜忌，最後被逼調離京城，到貴族河間王*劉政的封地擔任河間相。期間張衡**整肅法度**，**治理有方**，令當地人民生活更趨安定。3年後他才返回洛陽擔任尚書，最後於任職期間**去逝**，享年62歲。

*河間位於現今河北省東南面。

失落的發明

張衡的好友崔瑗於其逝世後立碑悼念，當中有兩句：「數術窮天地，製作侔造化。」當中「數術」是指「天文曆法的學問」，而「侔」意即「相等」，「造化」則是「大自然」的意思。那就是讚揚他通曉天文地理，能造出巧奪天工的儀器和工具。

除了渾天儀、瑞輪蓂莢、候風地動儀等，據說張衡更曾造出指南車。這種車並非以磁石

定位，而是一種利用**差動齒輪**控制的機械裝置。差動齒輪使車子不論轉向哪方，車上連接齒輪的人像都只會指着同一方向。

可惜，以上種種東西都隨時間或戰火等因素，**湮沒**於歷史之中。由於張衡並沒留下任何設計圖，現今大家所見的成品，都是科學家根據史料文字，**推斷**其外形與箇中機關重新製造出來的。

其中地動儀自19世紀末起的百多年來，一直受中外學者重視，希望將之**復原**。該儀器的奧妙之處在於能測出地震，卻不受其他物體震動影響。經長年研究，人們認為箇中機關有2種可能性，一是**立柱式**，另一是**懸垂擺式**。

中國考古學家王振鐸於1951年根據《後漢

書》中描述地動儀的文字，以立柱式製造復原模型，惜其**無法運作**。至2003年，中國地震局與國家文物局等機構委託地震專家馮銳，參考各家史料，採用懸垂擺式方法造出新模型。十年後，前中國科學院南京天文儀器研製中心專家胡寧生則以立柱式試圖復原地動儀。只是，究竟「**真相**」為何，恐怕仍有待科學家們繼續研究了。

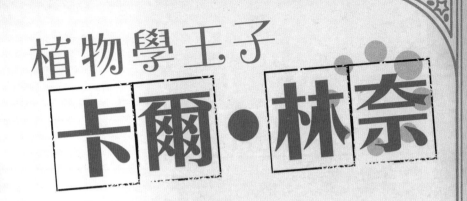

植物學王子 卡爾●林奈

「唉，今年又來了。」

「那一定是**惡魔的詛咒**！」

「富特神父，請你想想辦法吧。」

在教堂門前的廣場上，人聲鼎沸，村民們都圍在教區神父身邊**議論紛紛**。

這時，神父身旁一個20多歲的年輕人**不解**地問：「神父，甚麼惡魔詛咒啊？」他的裝束時髦，與四周村民有點**格格不入**。

「林奈先生你從外地到來，故**有所不知**，

這裏近年每隔一段時間總有大批牲口突然死掉。」富特神父解釋道，「但我們始終找不出原因，又發現不到肇事犯人……」

「不，犯人必定是惡魔，是惡魔幹的！」一名村民打斷道。

「大家冷靜點！」富特神父安撫村民，並向那年輕人問，「林奈先生，不知你對此有何看法？」

「請問那些動物死去前是甚麼模樣的？」林奈向他們問道。

一名村民回憶道：「牠們走起路來顛三倒四，接着倒在地上四肢抽搐，然後很快就死掉了。」

「走路顛三倒四、四肢抽搐、死得很

快⋯⋯」林奈想了想，又問，「請問你們通常到哪裏**放牧**的？」

「我們一般都讓那些牲口到**河邊**走動，順便可喝口水嘛。」

「可否帶我到那裏看看？」

於是，眾人往河岸走去。抵達後，林奈從馬上跳下來，彎身在水邊徘徊張望，似在找尋甚麼東西。突然，他停了下來，定睛看着某個方向。

「我知道了！」他指着一處興奮大叫，

「兇手就是它！」

究竟兇手是誰？我們在此先按下不表。當時**卡爾·林奈** (Carl Linnaeus) 正在**北歐**旅行，與其他冒險家一樣，途中發現許多前所未見的動植物。只是，隨着物種愈來愈多，卻無統一的分類與命名方法，便漸漸出現問題。他在想若果每個物種都有易記的特定名字，那樣辨認時就更**方便**了。

於是，這位18世紀的**博物學家**決心在看似一片混亂的大自然中，嘗試整理出一個**行之有效**的分類系統，還訂立統一的**命名方式**。

小小植物學家

　　1707年，卡爾‧林奈在瑞典斯莫蘭省*的羅斯霍特*村莊出生，是家中長子。據說他自小長有一頭如雪般的白金色頭髮，只是隨年紀漸增而慢慢變成棕色。父親尼爾斯是教區牧師，非常喜愛園藝，在家附近闢地建造花園，時常帶着兒子到花園散步，又

*斯莫蘭 (Småland)，瑞典南部的一個舊省。
*羅斯霍特 (Råshult)，現歸入克魯努貝里省 (Kronobergs län)。

教曉他各種花朵的名字。**耳濡目染**之下，林奈也很喜歡植物，時常到處觀看各色花草。

9歲時，林奈入讀一所文法小學。只是，他極不喜歡其**刻板**的教學方式，不但不肯認真學習，整天只想着植物的事情，更常常**逃課**，到外面尋找新奇植物。他在班上有「小植物學家」的稱號，但在老師眼中卻是個令人頭痛的**問題學生**……

「卡爾‧林奈！」一聲**怒吼**響徹課室。

「啊，是！」林奈突然驚醒過來，只見老師正怒瞪着自己。

「剛才我說了甚麼？」老師**嚴肅**地問。

「呃⋯⋯**風鈴草**的開花時間嗎？」

「是基礎句子文法！」老師指着黑板上的文字，說得**咬牙切齒**，「下課後你將這些文法結構和例句都抄**50遍**，抄好了才准離開課室！」

「但我一會兒要到樹林那邊看山桑子，哪有時間啊？」林奈看着那些**密密麻麻**的字就感到**頭痛**，完全沒理會發怒的老師，自顧自**滔滔不絕**地說，「你知道嗎？山桑子一般是深藍色的，表面有一層白霜似的粉末，這種植物開出來的花——」

「林奈，你再說下去就抄100遍。」老師沉聲道。

「啊，我知道了！知道了！」林奈慌忙停下，只是口中仍小聲嘀咕，「甚麼嘛，山桑子的花很漂亮的，與其在這裏抄東抄西，倒不如——」

「別想着逃跑，我會一直盯着你的。」老師彷彿知道對方在想甚麼似的厲聲警告。

林奈在學校常常被老師責罰，而且幾乎所有科目都僅在及格邊緣，只有生物科成績非常優異，每次都名列前茅。後來幸得校長賞識，才讓他打理學校花園，發揮所長。另外，校長又介紹當地醫生兼博物學家羅斯曼*讓其認識，林奈從對方身上學到不少

動植物的知識。

數年後，他升上**中學**。該校主要教授古希臘文、希伯來文、神學、數學等科目，為將來成為神職人員的學生打下基礎，可是這對林奈卻**苦不堪言**。他無法記住複雜的語法，卻對

*約翰・羅斯曼 (Johan Rothman)。

四周植物**瞭如指掌**，也只顧跟隨羅斯曼學習基礎**生理學**與**植物學**。

後來，林奈向父親坦承不想繼承牧師工作。雖然尼爾斯起初對此很痛心，但最後亦**尊重**其意願。1727年，21歲的林奈前往隆德大學*習醫兼研究植物學。只是，他有感那裏師資**匱乏**，遂轉往烏普薩拉大學*就讀。

*隆德 (Lund)，瑞典南部的一個城市。
*烏普薩拉 (Uppsala)，瑞典中部的一個城市，位處斯德哥爾摩附近。

拉普蘭之旅

林奈初到烏普薩拉時，錢財幾乎用盡，生活**拮据**，但仍努力學習。1728年末，他獲得一小筆獎學金，可見其成績已非從前般**慘不忍睹**。此外，他對植物的熱情也從未減退。學校圖書館有個收藏植物標本的大櫃，他就常到那裏**着迷**地觀察那些標本。

另外，他在當地遇上許多同伴，其中一位就是年長2歲的學長**阿特迪***。兩人**一見如故**，整天談論動物、植物、礦物等，並許下**宏願**，要剖析大自然一切事物。他們將之劃分成2個範疇，各自研究，並約定若有一人先行離

*彼得・阿特迪 (Petrus Artedi，1705-1735年)，瑞典博物學家，被譽為「魚類學之父」。

世，對方就須**接續**其工作。

我負責兩棲動物、爬行動物、蛙類和魚類吧。

好，那我負責鳥類和昆蟲，至於哺乳類及礦物就一起研究！

1729年，林奈寫成《植物婚配初論》*一文，探討植物的**有性繁殖**。當中以新郎和新娘比喻花朵的雄蕊和雌蕊，從中描述兩者在授

---

*《植物婚配初論》(*Praeludia Sponsaliorum Plantarum*)。

粉時的特徵與功用，
令植物得以「傳
宗接代」，
並由此建立植
物分類結構的
雛形。

　　該論文獲教授魯德貝克*等人賞識。魯德
貝克更打破常規，特意讓林奈為新生教授一門
植物示範課。及後他更邀其到家中居住，並擔
任三個兒子的家庭教師。於是林奈得到穩定
收入，也解決衣食不足之苦了。

　　1732年，林奈向瑞典皇家科學學會申請
資助，計劃探索瑞典和芬蘭北面的拉普蘭

*奧洛夫·魯德貝克 (Olof Rudbeck the Younger，1660-1740年)，瑞典植物學家、鳥類學家與
探險家。

地區。5月12日，他與同伴啟程，沿着波斯尼

亞灣*順時針地前行。

　　途中眾人經過耶夫勒，並在附近發現一種

*波斯尼亞灣 (Gulf of Bothnia)，位於瑞典東岸與芬蘭西岸之間的一個海灣。

長有粉紅色細小花瓣的植物。林奈認為那種**不起眼**的小花與自己**謙遜**的性格很相似，遂將之命名為 *Linnaea borealis*，亦即「林奈花」。

↑ 林奈花又稱「北極花」，是忍冬科北極花屬植物。除了歐洲北部，在中國北部地區如吉林、內蒙古等地區都有其蹤影。

　　此外，旅途上他們還見識到當地薩米人的**生活習性**，如服飾、建屋方式、狩獵行為

等，還發現了許多**前所未見**的動植物和礦物。當他們到達波斯尼亞灣盡頭的托爾尼奧*時，得悉當地居民飽受牲口無故死去的問題困擾，遂前往放牧的河岸尋找線索。

當時林奈看到水邊的某樣東西後，就興奮地指着它大叫：「我知道了！**兇手**就是它！」

眾人立即沿他所指的方向看去，那裏長着一棵**不起眼**的植物。

「這個是……芹菜？」

「應該是防風草吧？」

「不，這傢伙比芹菜或防風草**危險**千萬倍啊！」説着，林奈戴上手套，**小心翼翼**地挖開植物四周的泥土，讓其露出了肥大的根塊。

*托爾尼奧 (Tornio)，芬蘭西面的城市，位處芬蘭與瑞典邊界。

50

「它是**毒芹**，整株都帶有劇毒。動物吃下它後，很快就會變得精神恍惚、四肢抽搐而死。」他指着根部說，「單是這塊像蘿蔔般的根，就足以殺死一頭牛了。」

「原來如此，牲畜就是吃了它才會大量死去。」村民們**恍然大悟**。

→毒芹（*Cicuta virosa*）是傘形科毒芹屬植物，通常生長於濕地或水邊。其毒素極易吸收，而且很快產生作用，一旦進入動物或人體就會破壞其中樞神經系統，導致頭暈、噁心、麻痺、抽搐等癥狀。

Photo credit: Cicuta virosa 001 by H. Zell / CC BY-SA 3.0

「謝謝你，林奈先生，全靠你提醒，我們才知道**真相**。」富特神父感激地說。

「不用客氣，當中我也學到不少事情呢。」林奈笑道。

之後，他們離開托爾尼奧，踏足波斯尼亞灣另一邊的芬蘭領土，一路南下，最後在圖爾庫乘船回到烏普薩拉。

分門別類

旅程結束後，林奈一邊整理資料，一邊在大學從事教學工作，講授**植物學**、**礦物學**等科目。1734年聖誕節前夕，他受一個叫索爾貝里的醫科生邀請，到法倫***度假**。由於該學生的父親是法倫銅礦區主管，林奈得以趁機在當地**研究礦物**，並見識礦山的挖掘工作。

逗留當地期間，林奈**邂逅**了一名醫師的女兒。經多次約會，兩人決定結婚。只是，其未來岳父卻要求他先取得**醫學博士**資格，方可迎娶新娘。另一方面，索爾貝里的父親想請林奈陪伴兒子到荷蘭遊學。鑒於**荷蘭**大學設施與

---

*法倫 (Falun)，位於瑞典中部地區，是著名的工業城市，其銅礦區現被列為世界遺產。

質素都比瑞典**更勝一籌**，林奈**靈機一動**，想到可順便在那兒考取博士學位，遂答應對方的要求。

1735年4月，林奈與索爾貝里出發。二人先取道德國，至6月上旬抵達阿姆斯特丹，之後乘船到**哈爾德韋克***。林奈在當地一所大學直接交上事前寫好的**論文**，只花了一個星期便速成地獲得博士學位了。

接着他們前往**萊頓***，拜訪荷蘭著名博物學家布爾哈夫*。途中林奈更巧遇舊友阿特迪，

---

*哈爾德韋克 (Harderwijk)，位於荷蘭中部的城市。
*萊頓 (Leiden)，位於荷蘭南部的城市。
*赫爾曼・布爾哈夫 (Herman Boerhaave，1668-1738年)，荷蘭醫生兼植物學家，曾協助擴充著名的萊頓植物園；他亦是現代臨床教學的奠基人，被稱為「荷蘭的希波克拉底」。

並在旅館交流研究心得。及後二人**分道揚鑣**，阿特迪前往阿姆斯特丹工作，可惜數月後卻意外身亡。林奈得悉後傷心了好一段時間才振作起來，並按昔日約定去承擔其研究事業。

當時林奈在寫一本有關**大自然分類**的書，他將好友的研究部分一併納入體系後，才出版其最重要的著作——《**自然系統**》(*Systema Naturae*)。這本以拉丁文寫成的小冊子最初只有十數頁，隨着人們發現愈來愈多物種，每次再版都**擴充內容**，最後變成一部厚達一千多頁的巨著。

《自然系統》記載一套根據物種共同特徵分類的新系統。當中林奈將整個自然界的事物分成三界：**動物界**、**植物界**及**礦物界**，然

後逐層下分綱、目、屬、種四個階元。

書中把動物界向下劃分成6個**綱**，包括哺乳綱、鳥綱、兩棲綱、魚綱、昆蟲綱及蠕蟲綱。而植物界則以花朵**雄蕊**的數目與特徵，向下分成24個綱。只是，隨着時代變遷，現在大部分綱目已經**過時**，不再沿用了。

另外，林奈也將人進行分類，歸入「**智人種**」（*Homo sapiens*）。只是，當時人們仍相信人類是**獨一無二**的尊貴生命，《自然系統》卻將人貶至與一般動物無異，因此受到不少批評。不過也有人認為該分類方式使**混亂**

現代再行細分，增加了門和科。

界
↓
門
↓
綱
↓
目
↓
科
↓
屬
↓
種

無章的大自然變得**有跡可循**，由此足以呈現上帝完美的造物計劃。

同年，林奈結識克利福德*。這位富有的金融家對動植物有着濃厚熱情，在其位於海姆斯泰德*的廣闊莊園裏，建造花園和動物園，還有4個巨型**溫室**，當中栽種了許多來自世界各地的植物。他賞識林奈的才華，欲以**優渥薪酬**聘請對方到莊園管理溫室，並將所有藏品進行整理和分類，編纂成冊。這對喜愛大自然的林奈而言，那裏簡直就像**天堂**一般，於是當下答應

人類的現代分類：

動物界
↓
脊索動物門
↓
哺乳綱
↓
靈長目
↓
人科
↓
人屬
↓
智人種

*喬治·克利福德三世 (George Clifford III，1685-1760年)，荷蘭銀行家及荷蘭東印度公司的主管。
*海姆斯泰德 (Heemstede)，位於荷蘭北部的城鎮。

57

對方。

林奈努力工作，其間更達成一項偉大成就——在荷蘭成功**培育香蕉樹**。

園丁尼策來到溫室，發現林奈**目不轉睛**地看着一棵約有成年人般高的小樹。

「林奈先生。」他見對方沒反應，惟有大聲喊道，「林奈先生！」

「咦？啊，你好，尼策先生。」林奈才回

過神來**慌忙**應道。

「怎麼如此入神地看那棵香蕉樹？」

「我在想如何才能令它**開花結果**。」

「這真是個**大難題**呢。」尼策摸摸下巴，
「目前荷蘭⋯⋯不，該說整個歐洲都未有人成
功做到啊。」

「我在想如果**模擬**香蕉樹生長的氣候環
境，能否令它以為自己身處原本的地方，繼而
安心地成長呢？」林奈伸手輕輕撫摸樹幹説。

「這方法真的可行嗎？」

「不知道。」林奈回首看着對方笑道，
「要試過才**知曉**結果吧？」

於是，二人先將樹移植到**肥沃**的泥土中，
再靜待一段時間讓其**適應**，然後用大量的水澆

灌，保持四周濕潤，為香蕉樹營造一個近似**熱帶**的環境。結果在數月後的1736年初，樹上真的開花了，之後更結出果實。

　　這是荷蘭首次有人令香蕉樹**開花結果**，也是歐洲其中一個較早**人工培育**香蕉的成功例子，許多博物學家紛紛前來**觀摩**。同年，林奈將其經驗和研究寫成《克利福德的香蕉樹》*一書。到日後他回鄉時，還將一些香蕉**進獻**給瑞典國王呢。

→蕉的學名是*Musa*，是芭蕉科芭蕉屬、多年生草本植物，原產於東南亞、巴布亞新畿內亞、西非沿岸等地。人類在遠古時期已開始種植香蕉，考古學家曾於巴布亞新畿內亞境內發現數千年前的香蕉種植遺址。

Photo credit: Musa-sp3.1 by JoJan / CC BY-SA 3.0

　　7月，他獲克利福德**引薦**，前往英國倫

*《克利福德的香蕉樹》(*Musa Cliffortiana*)。

敦和牛津等地，與多位著名植物學家交流心得，又參觀了多個植物園。一個月後他回到荷蘭，便着手寫作《克利福德園》*，對園中的植物作分類描述，並由埃雷特*畫下許多細緻且栩栩如生的插圖。

林奈在克利福德園工作近3年半，期間多有著述，例如《植物學基礎》、《植物屬志》、《植物命名規則》等。而數年前起寫作的《拉普蘭植物志》也在這時期 (1737年) 出版，另一大作《克利福德園》則於1738年推出。

至此他終於完成當地所有工作，5月離開荷蘭，在巴黎逗留約一個月。到6月時才回到瑞典，準備迎娶他的新娘。

---

*《克利福德園》(Hortus Cliffortianus)。
*格奧爾格•狄奧尼修斯•埃雷特 (Georg Dionysius Ehret，1708-1770年)，德國博物學畫家。

物種版圖的擴充

為了賺錢養家，林奈回國後在斯德哥爾摩**行醫**。1741年他獲任為烏普薩拉大學醫學教授，同時任教**植物學**。同年夏天，他與數名同伴前往斯德哥爾摩南邊，探索東哥得蘭、厄蘭島與哥得蘭島等地。在這次小型**探險**中，他們發現了近百種從未收錄的瑞典植物。

隨着被發現的動植物種類愈來愈多，其學名也變得愈來愈長，**難以記住**，加上取名方法不一，因而變得更**複雜**。於是，林奈引入一套較簡單的命名方式——**二名法**。那是主要以2個單詞構成該物種的名稱，第1個單詞是**屬名**，第2個單詞則是**種名**。另外，他為求統

一，提出所有學名都須使用**拉丁文**，這是當時歐洲高等知識分子通用的國際語言。

以人為例，其學名是*Homo sapiens*（智人）。*Homo*是屬名，意指「**人**」；*sapiens*則是種名（通常稱「種加詞」或「種本名」），意即「**有智慧的**」。又譬如毒芹，同類植物有*Cicuta virosa*、*Cicuta bulbifera*、*Cicuta maculata*等。從其學名所見，它們都歸納於*Cicuta*（毒芹屬），其下再分成不同的種，**一目了然**。

1753年，林奈出版的《**植物種志**》收錄逾數千種植物，當中絕大部分使用了二名法，是現存最早為植物進行系統**命名**的著作，也被視為現代植物命名法的起點。另外，在1758年的第10版《自然系統》內，他將二名法亦統一

運用到動物上。

←現代為物種命名有時會加上命名人，如圖中植物叫「銀杏葉鐵角蕨」，其學名是*Asplenium ruta-muraria L.*，*Asplenium*是其屬名，*ruta-muraria*是其種名。至於L.為林奈的簡寫，用以表示此植物的命名人就是卡爾·林奈。

　　林奈在烏普薩拉大學任教多年，門生眾多，當中有些更是其崇拜者。他自豪地稱之為「使徒」(apostles)。這些先驅冒着客死異鄉的風險，長途跋涉前往世界各地考察，為摯愛的老師蒐集各類動植物和礦物，擴充林奈的分類名錄。

　　他們送回的樣本不單為林奈提供研究之用，還有實用價值。例如當時歐洲對茶葉需

求殷切，但進口茶葉價格**高昂**。林奈想到若能在本土種植茶樹，那就不用依賴進口，減少國家支出。於是，他委託數名學生先後前往**中國**，將茶樹及種子帶回瑞典研究。可惜，瑞典的氣候根本不適合茶樹生長，弟子**千辛萬苦**帶回來的樣品無一例外地枯死收場，改善瑞典經濟的計劃也**失敗告終**。

不過，使徒在旅途上也努力**宣揚**其分類學與二名法，令其更快**普及**。此後，科學家在林奈的基礎上不斷改進，使之成為現代所有物種分類與命名的**統一準則**，有利於人們研究和理解這個看似雜亂無章的大自然。

外科醫學之父
李斯特

「你說溫德勤太太**死了**？」

「是的，上星期做過手術後，她的傷口就開始**發炎**，還流出**膿**來。」

「流膿是好事啊，怎會這樣的？」

在昏暗的狹長走廊，一名**西裝革履**的老醫生與護士邊走邊低聲**交談**，後頭還跟着數個青年。不一刻，他們來到病房門口，一股**中人欲嘔**的臭味撲鼻而來，青年們都忍不住用手帕掩住口鼻。只見房內**密密匝匝**地擺放了十多張

病床，病人就躺在那些發霉的床上，發出痛苦的**呻吟**。

這時，另一名當值護士上前向那老醫生道：「醫生，前天做過手術的史密斯先生**死了**。」

「又死了？」

「又？」對方**不明所以**。

「哦，沒甚麼。」說着，老醫生便急步察看房內的其他病人。

正當後面那些年輕醫科生也跟着導師學習

如何**診察**之際，其中一人突然腳步**踉蹌**，差點撞到病床，幸好身旁的同伴及時扶住他。

「李斯特先生你沒事吧？」

「我沒事。」李斯特按着額頭道，「只是有點**頭痛**，可能感冒了。」

「感冒也不容忽視，你先回去休息。」老醫生嚴肅地說，「明天我有一場**手術**要做，你之後沒事的話就過來看看吧。」

「是。」說着，李斯特就離開病房。

他步出醫院門口後，那股濃濃的臭味仍在鼻腔**揮之不去**，當中包含排泄物的惡臭、病人傷口流膿發出的異味等，幾乎令人**窒息**。他回過頭來，看着那扇**氣派不凡**的大門，猶如通往陰間的入口。這種想像絕非誇張，來求

診住院的病人大多**有進無出**。其實不只這裏如此，其他醫院都一樣，病人的死亡率高得嚇人。究竟是甚麼引致這情況，連專業醫生都**語焉不詳**，説不出一個確切的答案。

這也難怪，19世紀初期的科學家連細菌和病毒是甚麼都不知曉，也不清楚疾病如何**傳播**，更不明白原來**化膿**代表傷口受細菌感染而**惡化**，是死亡的先兆。

究竟有何方法阻遏這場災難，令病人得以存活？年輕的**約瑟夫・李斯特** (Joseph Lister) 在腦海不斷思考這些問題。那時他還未知道自己將創出一種嶄新方法，改變**施行手術**的方式，推進**現代外科醫學**的發展，而這過程更是從一個微小世界開始的……

危險的習醫時代

　　1827年，李斯特生於英國西漢姆的厄普敦村*，在眾多兄弟姊妹中排行第四。父親傑克森是一名**酒商**，也是出色的業餘科學家，其主要成就在於光學研究。他設計了一種**消色差透鏡**，能改良顯微鏡的色差與球面像差引發的不清晰問題，後來因此獲選為皇家學會院士。

　　因此，李斯特自小就常有機會接觸**顯微鏡**，並

原來裏面是這樣的。

*厄普敦村（Upton House）。

從這件有趣玩意看到許多**不可思議**的東西。

他曾將一隻活生生的**蝦**放到顯微鏡下，觀察其**心臟跳動**與**血液流動**的情況。另外，他又把家中的各類化石標本細細注視，還會從書中閱讀人體的**構造**。

此外，他除了以眼去看，還會動手研究，**解剖**各種動物屍體，並仔細觀察當中的骨骼、

肌肉、內臟等。而且他時常一邊專心看着顯微鏡呈現的影像，一邊用筆在紙上**素描**出來，其出色的繪圖天分令其能夠畫得非常精準，**栩栩如生**。從其興趣顯示，將來他會選擇從醫也毫不奇怪。

1844年，17歲的李斯特前往首都，入讀**倫敦大學學院**。不過他最初先在文學院修讀文學、歷史、數學與一般科學，到取得學位後才改而攻讀醫科，學習外科技術。

所謂外科，主要是以外力方式如施行手術為病人治療。然而，19世紀的外科手術可謂集合**恐怖**和**危險**於一身。在李斯特觀看醫生替病人做手術的過程中，就目睹在現今看來非

夷所思的狀況。

經過一夜休息，李斯特又來到醫院，進入手術室的圓形大廳。由於只有蠟燭和窗外日光作照明，四周一片**昏暗**，還彌漫着一股**腥臭**。

手術室中央放了一張病床，上面已躺着一個病人。其身體被布蓋着，只露出隆腫血瘤的右大腿。

「李斯特先生，這邊啊！」

李斯特聞聲走到兩名同學身旁。剛巧那裏就在病床不遠處，三人得以**就近觀看**接下來的手術過程。

「你沒事吧？」

「休息了一晚已好一點。」

「聽説這次做的是割除腿側**腫瘤**的手術呢。」

這時，負責醫生已站在床邊。他脱下外套後，挽起袖子，打開外科器具盒，各種**手術用具**展現眼前——手術刀、鋸子、鑷子、刺針等。他拿出鋒利的**手術刀**，只見刀柄還沾着點點**凝固黏膩**的泛黑血污，證明了這把刀在外科手術上「**身經百戰**」。

「聽説那把刀的刀柄是象牙造的，多華貴啊。」

「上面還有些精緻的**雕刻**呢！」

「我也想要一把呢。」

就在身旁的同學**竊竊私語**之際，三個強壯的助手用皮繩緊緊**綁住**病人的四肢，再各自用

力**按住**其身軀，一切準備就緒。這時，醫生以手術刀快速往病人腿部的腫瘤割下去。

「**哇呀**──！」病人瞬即發出痛苦的喊叫，拚命想掙扎，但因被按住而無法動彈。

醫生彷彿聽不到病人的**哀嚎**似的，只專注於清除腫瘤。不一會他已完成工作，以針線為病人縫合傷口。

同學皆嘖嘖稱奇：「**很快**啊。」

「用了12分鐘。」李斯特拿出懷錶看了看道。

手術台下已血流滿地，助手們解開病人身上的繩子。只是病人**一動也不動**，似乎已痛得昏過去了。那名醫生用布稍為擦拭了一下沾滿血和膿液的雙手，再輕輕抹一下手術刀，就將之放回器具盒內。接着他向助手低聲吩咐了數句，就穿上外套，提着器具盒離開手術室。

就這樣，手術便**完成**了。

不過，大家有否發現以上場面出現了許多**不妥當**的地方？

首先，19世紀40年代初英國醫院還未有適當的**麻醉措施**，病人只能在清醒狀態下接受手術。而且四周環境昏暗，導致手術途中容易

出錯，有時甚至會弄傷醫生本人及身邊的助手。手術台上**慘不忍睹**的場面、病人**聲嘶力竭**的嚎叫，令一些醫科生最終忍受不住而逃離現場，從此不再回來了。直到1846年末，英

國引入乙醚*替病人麻醉的新技術後，情況才稍為改善。

*乙醚 (Diethyl ether) 是一種無色且易燃的揮發性液體。

　　此外，當時醫護人員並無手術袍、口罩、手套等工具，做手術前不會**洗手**，事後亦不會**消毒**器具。手術刀上沾滿**骯髒不堪**的血跡，當中藏有數之不盡的**細菌**，而刀柄精細的雕刻更成了那些微生物的温床。之後他們就會直接用這些器具為下一個病人做手術。故此，很多病人在手術後反而因**細菌感染**而死亡。而且，醫院衛生環境惡劣，通風不良，更容易傳播疾病，使更多病人死去。當時人們都諷刺地稱醫院為「**死亡之屋**」。

　　另一方面，醫生在診治或做手術過程中受感染的機會也很高，只要一個小傷口就足以**致命**。許多年輕的實習醫生因此患病，連李斯特對此也不能倖免。

在習醫期間的某天，他感到頭痛非常，還有點發燒和咽喉腫痛，起初以為是感冒。豈料，數天後手臂上竟冒出一些**白色膿包**。那時，他終於察覺到自己感染了一種自古常見的疾病——**天花**，登時感到晴天霹靂。李斯特很清楚這種病有多可怕，哥哥約翰就在先前患上天花，最後痛苦地死去。就算**大難不死**，多數人都會留有滿臉以至全身**醜陋**的疤痕。

「可惡！」他緊握拳頭，恨恨吐出一句。然後呼了一口氣，冷靜下來，目前最重要是治好自己的病。

李斯特到醫院治療，最後順利康復，也沒留下醜陋疤痕。只是，經歷了此事，他一度對習醫感到**心灰意冷**。後來他更離開醫學院，與一位朋友在英國各地旅行，**舒緩**那近乎崩潰的憂鬱情緒，並花了近一年時間才**重新振作**。

1849年，李斯特返回倫敦，重新註冊入讀醫學外科。

感染真相與
應付方法

1850年，23歲的李斯特成為**倫敦大學附屬醫院**的住院醫生。2年後通過皇家醫學院考試，成為正式的**外科醫生**，得以執刀替病人做手術。在其外科器具中，有一件物品是其他

外科醫生較少使用的，那就是他自小十分鍾愛的**顯微鏡**。一旦有空，李斯特就會利用顯微鏡**觀察**各種生物組織，還有病人的腫瘤切片。如小時候一樣，他不但只是看，還會仔細地**畫**下來，獲得很多**與別不同**的知識。

面對每天不停有病人死去，李斯特依然沒氣餒，一直研究箇中因由。後來，他聽從一位導師沙爾皮*的勸告，計劃到歐洲旅行，見識外國先進的技術，不過事前須先到蘇格蘭愛丁堡大學，跟隨著名外科醫師西姆*學習一段時日。只是，他想不到那次**逗留**了很長時間。

西姆以手術速度快著稱，李斯特從旁觀察學習，獲得了許多寶貴的**臨床經驗**。相對而

---

*威廉·沙爾皮 (William Sharpey，1802-1880年)，英國著名解剖學家與生理學家，被譽為「英國現代生理學之父」。
*詹姆斯·西姆 (James Syme，1799-1870年)。

言，西姆也對這位年輕醫生的表現非常滿意。李斯特在醫院中的工作愈來愈多，暫時放棄了出國旅行。後來他邂逅了西姆的女兒，並墮入愛河，至1856年兩人共偕連理。

1859年，李斯特得岳父極力推薦，成功取得格拉斯哥大學臨床外科皇家講座教授一職，教授外科醫術，並於格拉斯哥皇家醫院中行醫。他利用以往畫下精細的人體器官繪圖作為教材，加上其仔細講解，很受學生歡迎。

另一方面，他因研究發炎與血液凝結而獲選為皇家學會成員。病人會因傷口發炎、化膿，繼而死亡，箇中原因眾說紛紜。當時大部分人認為那是有害空氣（或稱瘴氣）造成，但空氣中有甚麼東西致病卻毫無頭緒，直到60

年代終於出現一絲曙光。1863年，法國化學家

巴斯德*從葡萄酒中發現酵母、乳酸菌等微生

物，由此推論令病人的傷口腐壞化膿也可能是

微生物所致。

　　當時，李斯

特從一位外科醫

生的講座中得悉

巴斯德的發現與

研究後大為興

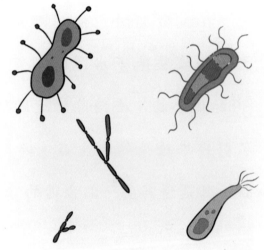

奮，認為傳染病的真面目就是源於空氣中的細

菌，它使傷口腐化，令病人死亡。那麼，消滅

那些微生物就可能解決這個纏繞多年的問題，

而當中一種解決方法就是以消毒劑殺菌。只

---

*欲知巴斯德的生平，請參閱《誰改變了世界》第1集。

是，由於許多消毒劑對人體**有害**，可能腐蝕皮膚、刺激傷口，甚至令人中毒。故此，李斯特不斷試驗，以選擇出合適的「**武器**」。

在試驗期間，他想起市鎮卡萊爾*。當地工程師修築地下水道時，曾利用一種叫**石炭酸**的化合物，去消除附近的垃圾異味，並消滅了引發牛瘟疫的原生蟲。李斯特認為它值得一試，只是還需要一個合適的**受試者**。

←石炭酸 (carbonic acid) 於1834年由德國化學家龍格 (Friedlieb Ferdinand Runge) 首次從煤焦油中提煉出來，在常溫下呈無色的針狀晶體，具有毒性。現時通常用於製造殺菌劑、防腐劑、藥物等。

Photo credit: Phenol 2 grams by W. Oelen / CC BY-SA 3.0

1865年8月12日，格拉斯哥街頭發生一宗

交通意外……

*卡萊爾 (Carlisle) 英國西北部的城鎮。

「讓開！讓開！」

「醫生！醫生在哪兒！」

一個年約10歲、混身是血的**男孩**被數個男人抬進了格拉斯哥皇家醫院，大堂登時**亂作一團**。

那天的當值醫生剛巧就是李斯特。他來到醫院大堂，問：「發生甚麼事？」

「剛才大街上發生交通意外，這男孩被

一輛衝過來的馬車**撞倒**了，腿也被壓在車輪下。」一個男人**氣急敗壞**地道，「我們費了好大的勁才抬起馬車，把他拖出來了，麻煩醫生**救救他**吧！」

李斯特蹲到男孩旁邊察看傷口，發現其左腿骨斷了，碎骨更刺穿了皮膚突出來，**血流如注**，傷勢非常嚴重。而且，傷口沾滿塵土，微生物經長時間已大量滋長，情況**刻不容緩**。

「小朋友你叫甚麼名字？」他溫和地問道。

「我……我叫詹姆斯，詹姆斯·格林利斯。醫……醫生，我很痛！」小男孩**氣若游絲**地啜泣道。

「詹姆斯，別怕，我們會設法治好你的傷，很快就不會痛了。」李斯特轉過頭向數名護士道，「快！把他推到手術室去！」

「是！」

一眾醫護人員合力將詹姆斯**小心翼翼**地抬上擔架，快步將傷者運往手術室。

「他的傷勢很嚴重，恐怕要截去左腿才能保住性命。」李斯特心忖，但隨即**轉念一想**，「不！還可用那個方法。」

他和助手先以**氯仿***為男孩麻醉，然後將斷骨接回去，再用夾板固定。緊接下來，他們用石炭酸為傷口**消毒**，將一塊浸滿**石炭酸**的麻布覆蓋在傷口上包紮，並用一個錫蓋蓋住傷

---

*氯仿 (chloroform)，又稱三氯甲烷，俗稱哥羅芳，在常溫下呈無色卻有氣味的液體。

口，避免那些消毒劑蒸發掉。

之後數天，醫護人員都替詹姆斯定時換上新的石炭酸麻布。當李斯特為男孩檢查傷口時，未有發現化膿的跡象，傷口正漸漸**癒合**，一切情況良好。後來，為免強烈的石炭酸繼續**刺激傷口**，他就在布中加上一些橄欖油稍作稀釋。如此反復治療，數星期後男孩竟奇跡般地**康復**，可順利出院了。

這次成功令李斯特對石炭酸的**信心大增**，他開始為多個病人進行相同的治療方式，且大部分都能順利康

復。1867年，他公開發表自己的研究與臨床數據，提出「滅菌法」，利用石炭酸消滅傷口附近空氣中的細菌，避免其進入人體傷口。

不過，石炭酸會刺激皮膚，而且具有侵蝕性，於是數年後李斯特製造出石炭酸噴霧器，以噴霧方式為手術室消毒。同時，他又改以石炭酸潔淨醫生雙手以及清洗手術器具，務求消滅附於手和器具表面的有害微生物。

消毒滅菌的提倡

雖然李斯特大力提倡手術做好消毒的新方法，然而大多數**保守**的外科醫生仍對其**嗤之以鼻**。他們不相信世上有諸如細菌等肉

用石炭酸做消毒？簡直多餘兼荒謬！

那根本是譁眾取寵的手法，外科手術只要做得快，就能保住病人的命啊。

世上哪有甚麼細菌，真是可笑！

眼看不見的微生物，對消毒的功效**視而不見**。

不過，當中也有少數醫生**據理力爭**，採

用李斯特的方法去治療病人，結果令病人的死亡率大大降低了。

1871年，李斯特受命為維多利亞女王治病，進行腫瘤切除手術。他先以石炭酸消毒房間和手術器具，才小心翼翼地替女王治療，終於成功挽救其性命。

這消息傳遍英國以至整個歐洲，改變了許多醫生的保守觀念，多間醫院逐漸願意採納

新式方法。此外，在李斯特這位「**現代外科醫學之父**」及其學生堅定不移的努力下，繼續向世界推廣滅菌術，至十多年後終於逐漸**普及**。

後來，科學家改良其方法，進一步發展出「**無菌術**」。醫護人員事前身穿已消毒乾淨的**手術袍**，戴上**口罩**和**手套**，避免消毒劑直接灑在施術者手上，防止其刺激和侵蝕雙手，保障人們的安

全。就這樣，**骯髒凌亂**的手術治療漸漸成為**過去**，演變成現在大家熟悉的衛生方式。

手術前準備──麻醉

　　所謂麻醉，就是以藥物令人的身體暫時局部或完全失去知覺，以減輕疼痛，令肌肉鬆弛，使治療得以順利進行。例如醫生施行外科手術時，須以利器割入病人的身體，這樣必為對方帶來難以忍受的痛楚，所以事前會替其麻醉。古今中外的麻醉止痛藥物林林總總，每種的成分與效力不一，現介紹數款如下。

中國麻醉古方──麻沸散

　　相傳古時中國已有效果顯著的麻醉藥物，史書《後漢書》與《三國志》皆記載，神醫華陀讓病人服用一種稱為「麻沸散」的藥物，使其猶如醉倒一般，毫無知覺，然後替病人做手術。不過，麻沸散的配方現已失傳，無法驗證。

→華佗生於公元2世紀的東漢末年，與扁鵲、張仲景及李時珍並稱中國古代四大名醫。

95

令人上癮的止痛藥——鴉片

　　西方自古希臘時期已有人利用鴉片作為鎮痛藥物。鴉片源自一種叫「罌粟」的植物，人們割破其果實表皮，使之流出一些白色汁液，再將汁液凝固提煉而成。它能令人產生幻覺，無法集中精神，以舒緩痛楚。可是，若患者長期服用，就很容易造成藥物成癮，一旦過量更可能引致急性中毒。

→右圖是罌粟的果實。罌粟 (*Papaver somniferum*) 是二年生草本植物，原產於印度、中東與中亞地區。由於它可被製成毒品，故此許多地區都嚴禁私下種植。根據香港法例，任何人都不得栽種、管有或進出口罌粟。

歡愉的拔牙療程——笑氣

　　及至 18 世紀 90 年代，英國化學家戴維*發現化合物「一氧化二氮」(Nitrous oxide) 具有麻醉功效，令痛覺變得遲緩。那是一種無色但帶有甜味的氣體，人們吸入後會感到歡愉，不自覺地發笑，故又稱為「笑氣」(Laughing gas)。

↑ 描繪吸入笑氣情況的諷刺漫畫。

*漢弗里・戴維 (Humphry Davy，1778-1829年)，英國化學家，曾發現多種化學元素。

1844 年，一位牙醫威爾士* 嘗試為病人拔牙前讓其吸入笑氣以作止痛。只是他在 1845 年的一次公開演示中，因病人沒正確吸入笑氣，以致被拔牙時痛到哭出來。威爾士被觀眾以「騙子」取笑咒罵至落荒而逃，自此一蹶不振，最後更受不住壓力而自殺身亡。

　　然而笑氣並沒被摒棄，後來再度被採用。1911 年美國麻醉師古德爾* 表示可把一氧化二氮與氧氣混合使用。到 1961 年，英國麻醉科醫生滕斯托爾* 作進一步研究，提出將兩者以各 50% 的比例混合使用的方法，製成現今仍常用的麻醉氣體「安桃樂」(Entonox)，並以此名作為註冊商標。現時醫護人員多簡單地稱其為「gas and air」。

19 世紀外科醫生的新選擇——
乙醚與氯仿

　　1846 年，美國一名叫莫頓* 的牙醫嘗試運用另一種化合物「乙醚」(Diethyl ether)，替病人麻醉，施行手術。當病人吸入乙醚後，就像睡着了似的，就算

---

*霍勒斯‧威爾士 (Horace Wells，1815-1848年)，美國牙科醫生。
*阿瑟‧歐內斯特‧古德爾 (Arthur Ernest Guedel，1883-1956年)。
*米高‧艾力‧滕斯托爾 (Michael Eric Tunstall，1928-2011年)。
*威廉‧湯馬斯‧格蘭‧莫頓 (William Thomas Green Morton，1819-1868年)，美國牙科與內科醫生。

手術刀割進他的皮肉，都毫無反應。其強力效果令醫學界大為震驚，許多外科醫生都開始使用這種神奇氣體為病人麻醉。

→莫頓於1846年所用的外科乙醚吸入器仿製品。

另外，1847 年英國愛丁堡婦產科醫生辛普森 *以另一種化合物「氯仿」(Chloroform)，成功替一名產婦麻醉後接生。氯仿的化學名稱是「三氯甲烷」，俗稱「哥羅芳」，在常溫下是一種無色而有氣味的液體。

不過，這兩種麻醉劑都各有缺點。乙醚容易令吸入者產生不良反應，而且易燃，十分危險。至於氯仿則會引發頭痛症狀，若被陽光照射更會轉化成有毒的光氣，加上後來科學家發現其致癌性。直到1951 年，英國帝國化學工業的化學家薩克林 *合成出較安全的「氟烷」，乙醚和氯仿就漸漸被淘汰。

*詹姆斯・楊・辛普森 (James Young Simpson，1811-1870年)，蘇格蘭婦產科醫生。
*查爾斯・沃爾特・薩克林 (Charles Walter Suckling，1920-2013年)，英國化學家。

塑膠之父
貝克蘭

「頭稍為抬高些，手放下一點。」攝影師**起勁**地指示着面前的人，「好，就這樣！」

說着，他按下相機的**快門**，然後向對方說：「換個**姿勢**吧。」

站在鏡頭前的是個**窈窕**的年輕女人。她身穿深藍色無袖連身裙，頭上戴着一頂**鐘形帽**，耳朵掛了一串橄欖色彎月形**耳墜**，頸子還有條翡翠綠**珠串項鍊**。套着黑色絲質**長手套**的雙臂上各有六至七隻**手鐲**，其**色彩繽**

紛，樣式各異。這些首飾質感光滑，既似玉，又像瑪瑙。

　　她正按攝影師的指示，擺出各種**優雅**的姿勢，務求展示首飾的**魅力**。

　　「請貝比小姐當模特兒果然明智。」一個西裝筆挺的男人站在攝影棚後方讚歎道。

　　「因為只有她才能凸顯首飾的**高貴**之處。」旁邊一個戴着金絲眼鏡的男人説。

「嘿，高貴？」西裝男人嗤之以鼻，「別忘記那些首飾只用『貝克萊特』造的，根本不是真正的珠寶。」

「但它勝在仿真度甚高，而且價錢大眾化，又容易塑造不同款式。」對方卻反駁，「最重要的是貝克萊特已經成為潮流，連香奈兒*都對它推崇備至。所以這次飾品宣傳必定成功！」

「説得對呢。」西裝男人看着斑斕的首飾道，「這種物料已經深入民心。」

時值1939年，貝克萊特酚醛塑膠 (Bakelite，又稱「電木」) 已出現近30年，應用於日常生活的方方面面，幾乎無處不在。這

---

*嘉布麗葉兒・波納・香奈兒 (Gabrielle Bonheur Chanel，1883-1971年)，或稱可可・香奈兒 (Coco Chanel)，法國時裝設計師，亦是著名女性服飾品牌「香奈兒」(Chanel) 的始創人。

種人工合成物由美國發明家利奧・貝克蘭 (Leo Baekeland) 製造，並促成物料發展的一大突破，使人們逐漸進入「合成塑膠時代」。

只是，貝克蘭最初並非以生產塑膠為目標，反而與攝影有着千絲萬縷的關係。

一切從攝影開始

1863年，貝克蘭於比利時的根特鎮*出生。父親查爾斯是**補鞋匠**，而母親羅莎莉則在一戶富裕人家當**女傭**。雖然二人都**目不識丁**，卻對教育的看法南轅北轍，時常為兒子應否上學**吵個不休**⋯⋯

「讀這麼多書有甚麼用？對補鞋都沒益處的，倒不如留在店裏當**學徒**吧。」查爾斯埋怨道，「何況我們一個字也不懂，還不是能生活下去？」

「話不是這麼說，那些有錢少爺在校內學到那麼多東西。假如利奧能**上學**，將來一定更

*根特 (Ghent)，比利時的自治市。

有**前途**的。」羅莎莉加以**反駁**，「他亦不一定要跟着你學修鞋的。」

「甚麼不修鞋？老子是補鞋匠，兒子當然也是補鞋匠！」他高聲說道，「就算真的讓他**上學**，但哪來這麼多錢付**學費**啊？」

「總會有辦法的。」

羅莎莉從有錢人家見識到**知識的力量**，故此十分重視教育。就算要過着**捉襟見肘**的生活，她仍希望兒子能**讀書識字**。經反復遊

說，丈夫終於願意退讓，讓她把貝克蘭送到市內一所優秀的文法學校

讀書。不過，丈夫亦要求兒子須在下課後到鞋店**幫忙**，學習補鞋。

貝克蘭也沒白費母親的心血，在校園努力學習，且成績不俗。後來他更獲取**獎學金**，升上根特市的精英學校——皇家雅典學院。他在白天上課，晚上則到一間技術學校修讀**化學**，汲取更多知識。其間他開始對**攝影**產生興趣，與同學一起研究這種新技術和相關器材。

1880年，貝克蘭進入**根特大學**。當時他只有17歲，是校內最年輕的學生。他一直攻讀

至博士，前後只花了四年便完成課程。畢業後，他在布魯日*的一所高等學校教授化學及物理。1889年，貝克蘭回到根特大學擔任副教授一職，還在那裏邂逅一名女孩，並引發一場「災難」……

一天，貝克蘭在實驗室工作時，聽到身後有人在叫自己：「貝克蘭先生。」

他認得那是上司斯瓦茨的聲音，便轉過身來，卻看到面前站着一個漂亮的女孩。剎那間，四周彷彿停頓了時間似的，他只能凝視對方。突然「哐嘟」一聲響起，緊接傳來一下驚呼。他回過神來，只見玻璃碎了一地，才察覺自己手上的兩個燒杯都掉到那女孩的腳邊。

*布魯日 (Bruges)，比利時西北部的城市。

「啊！對、對不起！你沒事吧？」貝克蘭**慌忙**向她道歉。

「我沒事。」她笑着說。

「咳咳！貝克蘭先生要**小心**點啊。」斯瓦茨打斷道，「跟你介紹一下，這是我的女兒塞利娜。」

經此一事後，貝克蘭開始**熱情**地追求塞利娜，兩人最終墮入了愛河。

雖然斯瓦茨不反對二人交往，但對貝克蘭**「不務正業」**的興趣頗有微言。

原來貝克蘭利用許多時間**研究攝影**，有時甚至忽略了教學工作。後來他研發出一種含

水溶性乳劑的**感光板**，甚至與一位大學同事開辦公司，試着生產那款攝影器材。

大家可知道感光是甚麼？在繼續故事之前，先來簡單講解一下**菲林攝影**的基本原理吧！

所謂攝影，就是以照相機器將拍攝對象反射的光加以捕捉，再使用**光學介質**如菲林等作記錄。

在菲林未發明前，人們在圖紙、玻璃板等塗上感光乳劑，製成感光板。感光乳劑通常以氯化銀或溴化銀配以明膠製成。

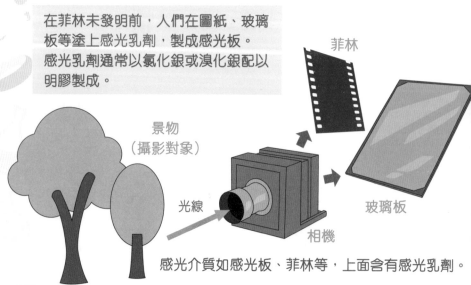

景物
（攝影對象）

菲林

光線

玻璃板

相機

感光介質如感光板、菲林等，上面含有感光乳劑。

→①由於景物反射的光線深淺不一，於是感光板各個位置的曝光情況也不一樣，但肉眼無法分辨。

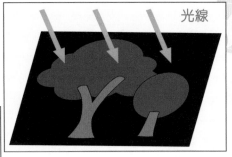

光線

光線照射得較多的區域　　光線照射得較少的區域

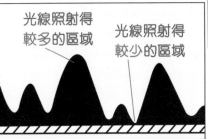

←②顯影劑將氯化銀等化合物還原成金屬銀，由於曝光得愈多的地方會堆積愈多銀，因而愈深色，形成層次分明的影像。

→③以定影劑把沒曝光的銀變成易溶物，用水加以清洗後，感光板或菲林便形成「負片」，不怕被光照到而一再曝光，破壞原有的影像。

↑負片的明暗色調與實質景物完全相反。

貝克蘭製造水溶性感光乳劑乾板，讓攝影師毋須額外使用帶有臭味的**化學顯影劑**，只要將感光板放到水中就能直接**顯現影像**和**定型**了。

　　1889年，貝克蘭與塞利娜**共偕連理**。同年，二人到英美遊學，先前往牛津等地，再從倫敦乘搭郵輪，前往**紐約**。他們抵達美國後，決定留在當地謀求發展機會。貝克蘭直接拍電報向根特大學**辭職**。

　　貝克蘭在一間老牌攝影器材供應商工作兩年後，便辭職**獨立發展**，進行各項研究。其間，他不斷投放資金，卻未能獲得相應**回報**。在資金匱乏及工作不順利的情況下，貝克蘭生了

一場**大病**，只能躺着休息，並趁機**思考前路**。

　　他在床上心忖：「與其去做不同事情，倒不如把精力與時間**集中在一點**吧！」

　　至於那一點是甚麼，他已漸漸有了頭緒，那就是研發感光性能更好的**相紙**。

究竟相紙是如何從菲林**曬印**出照片呢？先

看看以下的過程吧！

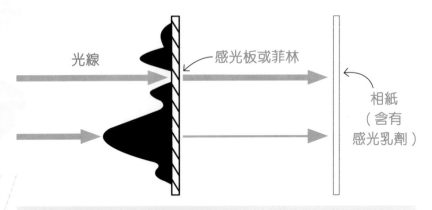

光線

感光板或菲林

相紙
（含有
感光乳劑）

曬印相紙與曬印菲林的方式幾乎一樣。當光線通過菲林照射到
相紙時，菲林愈深色的地方因積聚較多金屬銀，光線較難到達
相紙，相紙該處的感光物料就較難曝光而愈淺色。相反，光線
通過菲林愈淺色的地方，相紙便曝光得愈多而顯得愈深色。
經過顯影與定影後，相紙就呈現出實際景物的影像，成為我們
平常看到的照片了。

在19世紀中後期，礙於感光物料的性能較

差，只能以**太陽光**曬印相紙，貝克蘭決定改

善這情況。他調配和試驗了數百種不同的**氯化**

銀感光乳劑，終於在1893年製造出一款新型相

紙，稱為Velox。這種相紙的感光度比傳統的更高，只需**人工照明**就能曬印照片，使用起來也較**方便**。

後來，貝克蘭與紐約州的尼邦娜化學品公司***合作**，向對方出售Velox，並成為生意上的拍檔。

Velox 相紙深受業餘攝影愛好者**歡迎**，不但打破了柯達公司*的壟斷情況，甚至令它旗下**大行其道**的產品逐漸**乏人問津**。財雄勢大的柯達為了扭轉劣勢，其始創人之一的伊士曼就邀約貝克蘭**洽談**。

那天，貝克蘭懷着**忐忑不安**的心情來到羅徹斯特*的柯達公司總部。

---

*尼邦娜化學品公司 (Nepera Chemical)。
*伊士曼柯達公司 (Eastman Kodak Company)，簡稱柯達 (Kodak)。由發明家喬治‧伊士曼 (George Eastman) 及商人亨利‧阿爾瓦‧斯壯 (Henry Alvah Strong) 於1881年創立，是大型的跨國攝影器材公司，生產相機、菲林等產品。
*羅徹斯特 (Rochester)，位於紐約州的城市。

二人甫一見面，伊士曼連寒暄也省掉，**直截了當**地問：「貝克蘭先生，你認為75萬如何？」

「7、75萬？」貝克蘭赫然一驚，「要做甚麼啊？」

「當然是購買Velox的所有**專利權**了，它值這個價錢。」伊士曼盯着對方再問，「怎樣，要賣嗎？」

「這不是我一人能**決定**的──」

「我明白，尼邦娜那邊的問題我們也會**處理**的了。」

　結果，柯達公司以**100萬美元** (折合現今約2500萬美元) 收購Velox相紙的專利權，還有整間尼邦娜化學品公司。貝克蘭亦由此獲得一筆可觀財富。

研發合成塑膠

貝克蘭在美國短短數年就成了**百萬富翁**。1902年，他與妻子和一對兒女搬到斯納洛克的大宅，並將後園的馬廄改建成實驗室，**隨心所欲**地進行各種實驗。不久，他將目標定於研發**人工合成塑膠**，以取代常用卻有缺陷的天然蟲膠及賽璐珞合成樹脂。

蟲膠是由**紫膠蚧蟲***（或稱「紫膠介殼蟲」）雌蟲的黏液製成。那些雌蟲會在樹上吸食汁液，然後不斷分泌**黏**

Photo credit: Kerria-lacca by Jeffrey W. Lotz / CC BY 3.0

↑紫膠蚧蟲在樹枝形成的樹瘤狀凝固物。

*紫膠蚧蟲 (Kerria lacca)，是介殼蟲總科生物的其中一種。

液包覆自己。黏液漸漸在樹枝上堆積凝固後，人們將之反復**熬煮過濾**，就得到蟲膠了。

蟲膠的**絕緣性質**尤其適合製造電線外皮，對19世紀末至20世紀初愈來愈倚靠電力的大都市非常重要。人們四處鋪設電線、製造電器，故此蟲膠的**需求日增**。只是，要製造該物料並不容易。工人須熬煮超過1萬隻雌性紫膠蚧蟲近數個月，才能生產1磅蟲膠。在**供不應求**的情況下，其價格不斷上漲。

另一方面，19世紀中期科學家以硝酸纖維和樟腦製成**賽璐珞**，以圖代替因濫捕大象而日漸減少的**象牙**。然而，賽璐珞具有**易燃**的缺點，人們一直努力尋找及研發替代品。

1902年，貝克蘭着手改良前人的配方，

以**酚**和**甲醛**等化合物進行各種試驗。其間他發明一種反應器，能精確調節熱度和壓力。有一次他將酚和甲醛混合一些鹼性物

質，放在反應器中試着提高溫度以及增加壓力，竟產生**意想不到**的變化。經過5年時間，貝克蘭終於在1907年創造出一種嶄新物料——**酚醛塑膠**，並據自己的名字命名為「貝克萊特」(Bakelite)。另外，它還有一個複雜到難以記住和唸出來的化學名稱：

polyoxybenzylmethylenglycolanhydride。

該物料本身呈液態，只要經高溫和高壓處理，就能迅速固化定型。它**不易燃**，也**不易熔解**，而且其製作材料比蟲膠較易取得，成本亦**低廉**。

另外，貝克萊特與一般橡膠、賽璐珞、蟲膠等之間還有一大不同之處。那就是它並非傳統的天然聚合物，而是首種以大自然找不到的**人工分子**構成、全由人類創造的合成物質。

這種物料的出現引發極大迴響，不但**取代**了蟲膠製成新的電線外皮，也代替賽璐珞造出不易燃的安全桌球。此外，人們還以貝克萊特製造

各種**器具**。除了開首提及的首飾，電話、相機、多士

爐、熨斗、收音機、電動鬚刨等電器的外殼，還有汽車儀錶板、方向盤，甚至是飛機的螺旋槳都改以此物料製成。塑膠的**使用量**在短短十數年間大幅提升，貝克蘭公司在1913年只售出約70萬磅貝克萊特，至九年後就已售出超過8000萬磅塑膠了。

　　當時人們都對這種方便耐用的物料**趨之若鶩**，這從派克筆公司*一場盛大的實驗廣告就可知曉⋯⋯

---

*派克筆公司（Parker Pen Company）由美國發明家喬治・沙福・派克（George Safford Parker，1863-1937年）於1888年創立，是製造書寫工具的著名公司。

1927年的一日，一個**西裝筆挺**的男人在一棟大廈旁的街道上，向四周圍觀的羣眾大聲道：「各位先生女士！派克筆公司的最新產品──Duofold鋼筆**色彩亮麗**，還用上貝克萊特塑膠製成外殼，非常**堅固耐用**！」

「真的嗎？別騙我啊！」人羣中有個人誇張地說。

「保證**童叟無欺**！」西裝男人道，「如果大家不相信，我就立刻證明出來吧！」

說着，他往大廈上方打了個**手勢**，隨即有個小東西從其中一層的窗户急速掉到地上，發出「**啪**」的一聲。

原來是一枝**鋼筆**。

男人拾起那枝筆高聲道：「看！就算從23

樓掉下來，它依舊**完好無損**！」

　　貝克萊特的發明為貝克蘭公司在數十年間帶來豐厚利潤，後來因其兒子不願繼承工作，貝克蘭選擇**急流勇退**。1939年他將公司售予美國聯合碳化物公司*後，就過着簡樸的隱居生活，直至逝世。

　　回顧當初，人們因**濫捕大象**導致象牙稀

*美國聯合碳化物公司（Union Carbide）於1898年創立，是美國主要的石油化工企業，2001年被美國陶氏化工收購。

缺，引發科學家製造半天然的塑膠賽璐珞取而代之。而為了代替賽璐珞和日益減少的天然蟲膠，貝克蘭便發明完全人工合成的酚醛塑膠，並在短時間內獲廣泛使用。

此後，尼龍、聚乙烯、聚苯乙烯 (亦即發泡膠的原料) 等各色各樣的新款塑膠相繼被研發出來，塑膠成為人類生活不可或缺的物料。只是，它卻因難以分解而造成嚴重的污染問題，恐怕貝克蘭和其他當代科學家也始料不及呢。

人類為了能過舒適的生活，破壞大自然，最終只會自食其果。所以，大家須攜手合作，保護環境，儘量減少使用塑膠產品，珍惜天然資源，才能避免走上滅亡之路。

高貴的
瀕危生物材料——象牙

顧名思義，象牙就是大象口中突出來的獠牙。它與一般牙齒構造相同，具有堅硬的琺瑯質與象牙質(或稱「牙本質」)，顏色微黃。

這種物料自中國商周時代與歐洲古希臘羅馬時期已有人使用。工匠除了將之雕刻成精美的裝飾品，也會製造各種器具，例如首飾盒、骰子、筷子，至近代更有桌球、鋼琴鍵，甚至是假牙。由於獵人好不容易獵殺一頭大象才得到兩根獠牙，故此象牙十分貴重。

←圖為北宋名臣范仲淹，手持着以象牙製成的笏(音：忽)。笏是古代大臣上朝時所拿的一塊長板子，用於記錄參奏議事的內容。在周代只有諸侯才可手執象牙笏；至明代四品以上官員持象牙笏，四品以下者則拿木笏。由此可見象牙亦代表一種身份象徵。

人們為了得到更多象牙，不斷狩獵大象，導致大象的數量劇減，甚至瀕臨滅絕。為挽救危機，現代許多地區都立法禁止象牙貿易。中國在 2018 年全面禁止象牙交易活動；而香港亦於 2022 年 1 月 1 日起，除了獲認證的古董象牙，其餘一律禁止進出口及銷售。

→法國13世紀以象牙雕成的聖母抱子像。

Photo credit: Vierge a l'Enfant debout by Siren-Com / CC BY-SA 3.0

危險的人造替代品—— 賽璐珞

由於人們過度捕獵大象，19 世紀中葉的歐美地區開始出現象牙稀缺，以致原料價格飆升。1863年，美國桌球生產公司費蘭與柯蘭德 (Phelan & Collander) 表示，若有人製造出有效的象牙替代品，就能獲得一萬美元獎金。

那時發明家海厄特* 在哥哥幫助下，以帕克斯* 於 1856 年研製的塑料「帕克辛」* 為基礎，加以改

*約翰‧韋斯利‧海厄特 (John Wesley Hyatt，1837-1920年)，美國發明家。
*亞歷山大‧帕克斯 (Alexander Parkes，1813-1890年)，英國冶金匠與發明家。
他所製造的「帕克辛」(Parkesine) 被譽為史上第一種塑膠。

127

良。他在帕克辛加入了樟腦，形成新式塑料。之後二人申請專利，並將其命名為「賽璐珞」(celluloid)，後來更建立工廠自行以賽璐珞生產桌球、假牙等。

　　賽璐珞屬於熱塑性塑膠。液化的塑料能隨意被塑造成各種形狀，然後在高溫高壓下成型，當冷卻至常溫與常壓後就不會變形，加上其外觀質感與象牙相近，遂成為理想的代替品。

　　只是該物料非常易燃，稍為摩擦就會着火。假如兩顆賽璐珞桌球撞在一起，就會很容易發生輕微爆炸，甚至燒着桌球檯上的絨布，引發火災。不過，由於賽璐珞的成本比象牙低廉，又易於塑形，故此直到酚醛塑膠誕生，才逐漸退出歷史舞台。

→樟腦由樟樹提煉而成，屬於易燃物，諾貝爾就是從賽璐珞的樟腦中獲得啟發，發明無煙火藥*。
圖為日本大阪壺井八幡宮內的樟樹。

Photo credit: I, KENPEI / CC BY-SA 3.0

*欲知諾貝爾製造炸藥及無煙火藥的經過，請參閱《誰改變了世界》第4集。